U0184299

一小时读懂

绿色建筑

中国建筑工业出版社

图书在版编目（CIP）数据

一小时读懂绿色建筑／中国建筑科学研究院有限公司组编；王清勤主编. —北京：中国建筑工业出版社，2020.10（2024.9 重印）

ISBN 978-7-112-25473-6

Ⅰ. ① 一⋯ Ⅱ. ① 中⋯②王⋯ Ⅲ. ① 生态建筑－普及读物 Ⅳ. ① TU-023

中国版本图书馆CIP数据核字（2020）第179779号

责任编辑：周娟华
版式设计：锋尚设计
责任校对：赵　菲

一小时读懂绿色建筑
中国建筑科学研究院有限公司　组编
王清勤　主编

*

中国建筑工业出版社出版、发行（北京海淀三里河路9号）
各地新华书店、建筑书店经销
北京锋尚制版有限公司制版
北京中科印刷有限公司印刷

*

开本：889毫米×1194毫米　1/20　印张：4　字数：60千字
2021年1月第一版　2024年9月第四次印刷
定价：35.00元
ISBN 978-7-112-25473-6
（36444）

编委会成员

组　编：中国建筑科学研究院有限公司

主　编：王清勤

副主编：孟　冲　韩继红　林波荣

编　委：鹿　勤　杨建荣　叶　青　刘茂林　曾　捷

　　　　林常青　陈乐端　谢琳娜　郭而郲　李国柱

　　　　叶　凌　赵乃妮　张　淼　张　然　曾璐瑶

　　　　廖　琳　胡　安　谢宇欣　刘帅希

前　言

党的十九大报告指出，中国特色社会主义进入新时代，我国社会主要矛盾已经转化为人民日益增长的美好生活需要和不平衡不充分的发展之间的矛盾。坚定不移贯彻创新、协调、绿色、开放、共享的发展理念，是解决我国一切问题的基础和关键。建筑业作为重要的民生产业，发展绿色建筑，是响应绿色发展理念的重要途径之一。

新时代对绿色建筑发展提出了新的要求。绿色建筑是在全寿命期内，节约资源、保护环境、减少污染，为人们提供健康、舒适、高效的使用空间，最大限度实现人与自然和谐共生的高质量建筑。受中华人民共和国住房和城乡建设部委托，中国建筑科学研究院有限公司、上海建科集团股份有限公司牵头编制的新版《绿色建筑评价标准》GB/T 50378—2019（以下简称《新标准》）已于2019年8月1日实施。

作为评估建筑绿色程度，规范和引导我国绿色建筑发展的重要技术标准，《新标准》强化以人民为视角的理念，构建了安全耐久、健康舒适、生活便利、资源节约和环境宜居五大指标体系；考虑安全、健康、宜居、全龄友好等内容，拓展了绿色建筑的内涵；兼顾我国绿色建筑地域发展的不平衡和国际交流的便捷，扩大了绿色建筑的覆盖面；在评价方面，侧重以运行实效为导向，避免"图纸上的绿色建筑"。与我们工作生活密切相关的绿色建筑需要全民参与，科学认识、合理使用，才能确保绿色性能的落实。

尽管我国绿色建筑已经从"启蒙"阶段迈进"快速发展"阶段，但与绿色建筑快速发展的脚步不相符的是，我国绿色建筑人才支撑不足，绿色建筑普及不广。为此，本书以通俗易懂的语言、简单明了的插图对绿色建筑进行解读，向广大读者，尤其是青少年展示了一幅绿色宜居、健康生活的画卷，希望在全社会，尤其是校园内掀起学习绿色建筑的热情，倡导绿色、生态、低碳的行为，普及相关科学知识，助力绿色建筑发展，同时为绿色建筑领域培养后备力量。本书得到"十三五"国家重点研发计划项目（2020YFE0200300）的资助。

本书编委会

2020年12月

目　录

什么是绿色建筑?

格瑞一家对绿色建筑产生了浓厚的兴趣！

格瑞

格瑞是一名小学生，他的梦想是长大后成为一名优秀的建筑师。前几天听爸爸妈妈说，他们家买了一套新房子，是"绿色建筑"。新房子不仅美观，住起来安全舒适，而且低碳又节能，格瑞十分开心。

格瑞妈妈

格瑞的妈妈是一名教师，热爱生活，注重生活品质。她认为，新房子不仅美观实用，而且低碳节能，更重要的是满足了她对健康舒适和生活便捷的要求。

格瑞爸爸

格瑞的爸爸是一名工程师，懂科学、爱科学，热衷环保事业。根据专业的眼光，他对新房子的"绿色"性能感到十分满意。

什么是绿色建筑呢？

对环境来说，绿色建筑就是要从设计到施工，从使用到拆除的整个寿命周期内，都可以做到节约资源、减少污染、保护环境、生态友好。

对我们自己来说，绿色建筑就是能让我们在里面健康舒适地工作和生活。

总的来说，绿色建筑是让人、建筑与自然和谐相处，是对地球环境和我们每一个人都有益的建筑。

没错！我听说，新的绿色建筑对围护结构和门窗的保温性能要求特别高。无论是办公环境还是居住环境，建筑的用水用电等设施要更节能。

不过，让我觉得最踏实的还是绿色建筑对室内空气质量和隔声的严格要求。咱们家的新房子是绿色建筑，这样我们就不用担心新家污染和周围噪声了。

安全耐久

健康舒适

生活便利

资源节约

环境宜居

绿色建筑

安全耐久

　　安全耐久是指建筑结构能够满足安全、耐久和防护的要求。在建筑设计、施工、使用、维护直至达到使用年限期间，能够避免可能出现的各种安全风险，例如，在受到外力影响时建筑结构不会变形，经年累月后不会发生材料的严重腐蚀、风化等。此外，遇到地震、爆炸等偶然情况，绿色建筑不致发生坍塌，仍然能够保持稳定性，保护人员的安全，让使用者感到更安全、更放心。

选址要安全

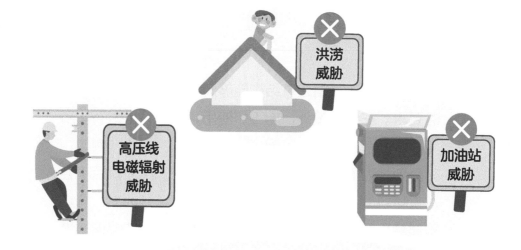

格瑞小课堂

　　选择安全的地址对绿色建筑来说至关重要。例如，容易发生滑坡、泥石流等地质危险的地段不能作为绿色建筑的选址地。在我国南方部分地区，夏季容易出现暴雨天气，发生洪涝的可能性非常大。这时，可靠的防洪防涝设施将保护绿色建筑不受洪涝灾害的破坏，能保护居民们的人身安全和财产安全。

　　此外，绿色建筑在选址时要注意远离危险源，例如，有可能产生污染的危险化学品、易燃易爆物、电磁辐射场等。选址地对土壤也有特别要求，绿色建筑在选址时要远离含汞、铅、镉、氡等化学物质的土壤。

结构要稳固

有隔震系统

无隔震系统

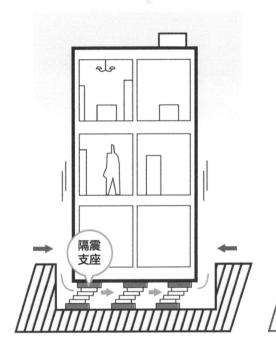

隔震支座

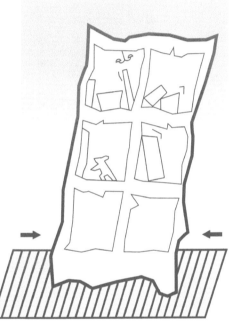

格瑞小课堂

与普通建筑相比，绿色建筑的主体结构采用合理的抗震设计，大大提高了建筑物的抗震性能。

围护结构安全耐久

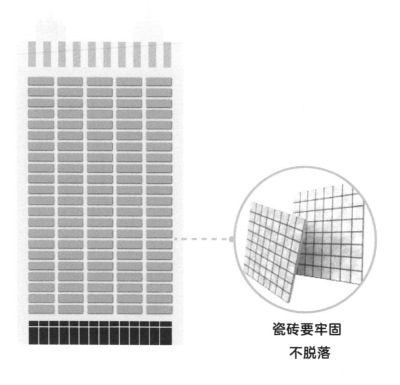

瓷砖要牢固
不脱落

格端小课堂

围护结构是指建筑物及房间各面的围护物，分为透明和不透明两种类型：不透明围护结构有墙、屋面、地板、顶棚等；透明围护结构有窗户、天窗、阳台门、玻璃隔断等。围护结构寿命往往与主体结构不同，它的损坏和与主体结构的连接破坏会直接影响建筑物的正常使用，且容易导致高空坠物。

设计施工精细　运行维护严格

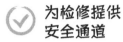 为检修提供安全通道

 为空调预留装机位置

 为太阳能预留安装位置

格瑞小课堂

　　绿色建筑的外遮阳、太阳能设施、空调室外机位、外墙花池等外部设施在进行设计、施工时，与建筑主体结构保持统一，在保障安全稳固的同时，也应具备安装、检修和维护的条件。

连接要牢固

格端小课堂

在建筑物内部还有很多非结构构件、设备和附属设施，它们与建筑主体结构的连接也要十分牢固。

1. 建筑内部的非结构构件包括非承重墙体、附着于楼面和屋面结构的构件、装饰构件和部件、固定于楼面的大型储物架等。

2. 设备是指建筑中为建筑使用功能服务的附属机械、电气构件、部件和系统，主要包括电梯、照明和应急电源、通信设备、管道系统、供暖和空气调节系统、烟火监测和消防系统、公用天线等。

3. 附属设施包括整体卫生间、固定在墙体上的橱柜、储物柜等。

"对外"防风防水 "对内"防水防潮

格瑞小课堂

　　绿色建筑的外门窗在安装时不仅要保证牢固，而且要十分严密，确保大风天不漏风，下雨天不渗水。

　　为了避免水蒸气透过墙体、顶棚，使隔壁房间或住户受潮气影响，导致诸如墙体发霉、破坏装修效果（壁纸脱落、发霉、墙面涂料起鼓，地板变形）等情况的发生，要求所有卫生间、浴室墙、地面做防水层，墙面、顶棚做防潮处理。

安全警示和引导标识要醒目

禁止翻越

当心夹手

小心碰头

注意车辆

采取防护措施规避安全隐患

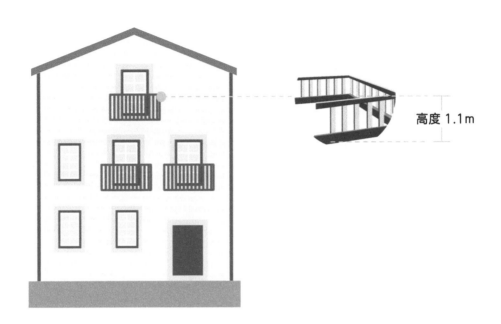

高度 1.1m

格瑞小课堂

　　建筑的阳台、外窗、窗台、防护栏杆等，如果安装不善，就会有坠物伤人的危险，因此，绿色建筑在设计施工时提高了楼体外部设施的安全性能。例如，阳台的外窗采取高窗设计、安装隐形防盗网等措施。

　　在建筑物的间距和通路设计中，不仅要考虑消防、通风、日照间距等问题，还需考虑设置护栏、缓冲区或隔离带等防护措施，进一步消除高空坠物伤人的隐患。

门窗不夹人　玻璃不爆裂

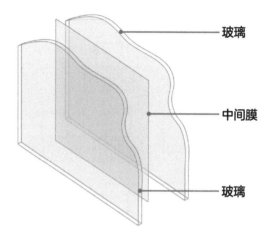

玻璃

中间膜

玻璃

格端
小课堂

　　在绿色建筑人流量大、门窗开合频繁的区域，采用了具有调节功能的闭合器，通过调节门窗的闭合力度和速度，防止门窗因闭合过快而夹伤行人。

　　绿色建筑所采用的双层玻璃带有"中间膜"，在受到外力冲击时，可以防止玻璃爆裂，进而保护了人员安全。

通行空间确保畅通

📺 格端小课堂

　　走廊、楼梯间和疏散通道等通行空间畅通、视野清晰十分重要。当发生火灾或其他意外时，一条畅通无阻的通行路线就是楼内人员的救生路线，要避免任何有可能影响消防、救护、疏散逃生和物资运输的安全隐患。

　　绿色建筑在设计之初就避免了阳台花池、机电箱体等设施占用通行空间。同时，绿色建筑的使用者也要配合做到不在走廊和通道中堆积杂货，共同守护这条重要的"生命通道"。

地面要防滑

格端小课堂

　　防滑措施对保证人身安全至关重要。卫生间、浴室等光滑的室内地面，以及因雨雪天气造成的室外湿滑地面，极易导致伤害事故的发生。因此，绿色建筑对防滑设计有严格要求，防滑材料在正式投用前要经过严格的检测验证，以降低伤害事故发生的概率。

人车分开走　安全不用愁

行人和机动车各行其道，互不干扰

人行道

空间灵活 随心所"变"

**格瑞
小课堂**

　　绿色建筑的空间设计具有"适变性"，可以随着用途的改变进行灵活调整。例如，在2020年新冠肺炎疫情期间，用户可以迅速地自行改造出一个用于隔离观察的房间。

健康舒适

良好的室内环境是人们健康生活、高效工作的重要条件。绿色建筑通过空气品质、水质、声环境、光环境、热湿环境五个方面，创建一个更加健康宜居的室内环境，以促进人体健康，增进使用者对于绿色建筑的体验感和获得感。

室内空气要清新

格瑞
小课堂

　　室内的主要空气污染物包括甲醛、苯、PM2.5、PM10等，这些都会对我们的身体造成危害。例如，甲醛是世界上公认的潜在致癌物，能刺激眼睛和呼吸道黏膜等，造成免疫功能、神经中枢系统异常，肝、肺损伤，甚至可能致使胎儿畸形，危害特别大。因此，绿色建筑对室内空气品质有着更加严格的要求，确保人们能够在室内放心地呼吸。

污染空气不乱窜

格瑞小课堂

厨房、餐厅、打印复印室、卫生间、地下车库等区域，都是聚集污染源的空间。绿色建筑将这些空间与其他空间进行了合理隔断，采取科学的排风措施，保证负压，防止排气倒灌，促进空气流通的同时，避免污染空气串通到室内其他空间。

无烟世界一片清新

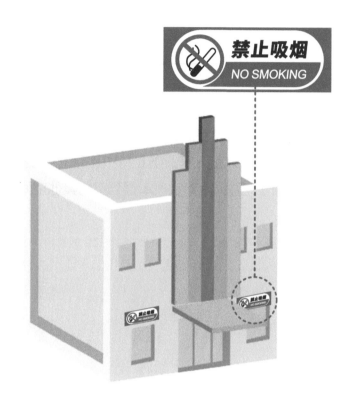

格瑞
小课堂

建筑室内和建筑主出入口处应禁止吸烟，并在醒目位置设置禁烟标志。维护空气品质，让绿色建筑更加"绿色"，还需要你我的共同努力！

智能排风　地下车库里也能放心呼吸

 格瑞小课堂

地下车库应设置与排风设备联动的一氧化碳监测装置，当一氧化碳超过一定的量值时，装置报警并启动排风系统，防止汽车尾气排放和空气流通不好而造成一氧化碳浓度过大，威胁人体健康。

安全的水　放心的水

格瑞小课堂

　　在日常生活中，用水的目的不同，对水质的要求也不同。例如直饮水，需要去除杂质、悬浮物、细菌、余氯、农药、有机污染物、重金属等有害物质，保留对人体有益的矿物质和微量元素，这样才可以直接饮用；游泳池的水则应该有过滤和消毒设备，以保持池水清洁……还有集中生活热水、供暖空调用水、景观水体等，无论哪种用水，都须满足相应的国家水质标准要求。

储水箱要干净卫生
降低用水传播疾病的风险

格瑞小课堂

　　随着城市化的发展，高层建筑迅速增加，市政供水水压不能满足高层建筑的需求，需通过二次供水设施加压，通常二次供水设施包括水箱、水泵、输水管道等设施。由于管理不善，水存放时间过长等，二次供水设施导致的供水污染情况普遍存在。例如，水中浊度或铁、锰超标，出现红虫等。因此，储水箱等储水设施要干净卫生、定期清洗，以降低用水传播疾病的风险。

每一根管道都要标识得清清楚楚

格瑞小课堂

现代化的建筑中给水排水管线繁多，例如，生活用水给水管道、消防给水管道、生活污水排水管道等。这些管道应设置明确、清晰的永久性标识，避免在施工或日常维护、维修时误接，避免误饮误用，降低健康隐患。

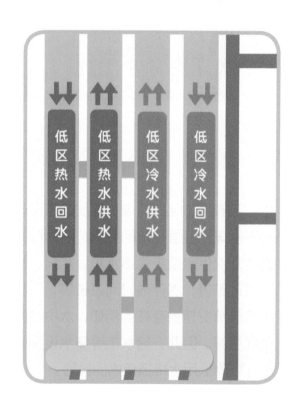

室内岁月"静"好

室外汽车穿梭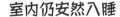

室内仍安然入睡

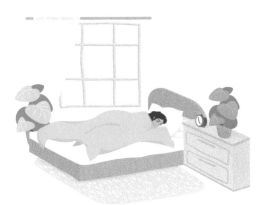

格瑞小课堂

　　噪声会影响人的生理健康和心理健康，不仅危害人的听觉系统、神经系统、内分泌系统、心血管系统等，还容易让人暴躁易怒。长期接触比较强烈的噪声，会使人的中枢神经受损，导致心率、脉搏加快，听力下降等各类症状的出现，危害极大。因此，绿色建筑对室内的噪声级别提出了高要求，例如，住房起居室不能高于45分贝，卧室夜间不应高于37分贝，公共办公环境不应高于45分贝。

隔声要好　互不打扰

格瑞小课堂

　　除了对室内噪声有等级要求，绿色建筑对墙体、楼板和门窗等的隔声性能也有十分严格的要求。其中，包括空气声隔声，如楼下广场舞的音乐声等通过空气传播的噪声，以及撞击声隔声，就如隔壁邻居的装修声等通过撞击地面或墙体产生的噪声。无论是隔壁的电钻榔头齐鸣，还是窗外的车水马龙鸣笛不断，都不能影响在屋内安睡的你。

屋内日光足　明亮不夺目

格瑞小课堂

　　绿色建筑鼓励使用自然光。充分利用自然光，可以在很大程度上减少照明灯的使用，节约能源。除此之外，自然光的强弱变化、光影移动营造出的空间效果可以带给人温暖、开敞和舒适的感觉，使人心情舒畅。同时，自然光具有一定的杀菌力，可以预防肺炎和其他疾病，有助于人的身心健康。

　　我国地处北温带，气候温和，天然光源丰富，为自然光的利用提供了有利条件。在绿色建筑中，窗帘、百叶、调光玻璃的使用可以帮助我们调节光照强度，防止目眩，让我们能够更加合理舒适地利用自然光。

健康照明　呵护眼睛

格瑞小课堂

　　人工照明的高能耗是现代建筑面临的主要问题之一。一个"绿色"的照明系统不仅能降低能耗，还能保护使用者的视力健康。绿色建筑选择合适的灯具种类，使照明设备和控制装置将照明能耗降到最低，更重要的是，通过严格控制灯具的照度、亮度、显色性、光源的频闪和眩光等指标，为使用者营造健康的照明环境，最大限度地呵护我们的眼睛。

清风穿堂过　舒爽心中留

格瑞
小课堂

　　良好的自然通风可以有效地改善室内热湿环境和空气品质，提高人体舒适度。为此，绿色建筑优化了建筑空间和布局，例如，采用中庭、天井、通风塔等设计，充分提高自然通风效果。

独立控制，每个房间都有想要的温度

28℃　　26℃　　24℃

📺 格瑞小课堂

　　在绿色建筑中，个性化的热调节装置可以满足不同人对温度的不同需求。无论你是在洗澡、健身还是在工作，都可以调节到最舒适的温度。

生活便利

　　便利的生活条件是提高宜居宜业水平的重要因素之一。绿色建筑通过设置合理的空间组织、便捷的交通网络、健全的配套设施、智能的网络系统和周到的物业服务，为使用者营造一个便捷、安全、舒心的社区环境。

出行无障碍　连通你我他

📺 格瑞小课堂

　　绿色建筑所在的社区内或建筑周边经常会有公园、健身区域、学校或其他公共活动场所，这些场所之间形成连续的无障碍通道，方便了人们的通行和使用。同时，这些公共空间还尽可能地与附近的街道、公共交通站点、停车场等形成连贯和完整的无障碍步行系统，无论我们想去哪都很方便。在建筑内部，住宅、图书室、健身房等区域之间也有清晰、明确、贯通的无障碍步行路线和电梯，无论室内室外，确保我们不会"迷路"。与此同时，无障碍的通行系统采用了扶手、支撑架等设施，为出行不便或有视力障碍的人们提供了安全保障。

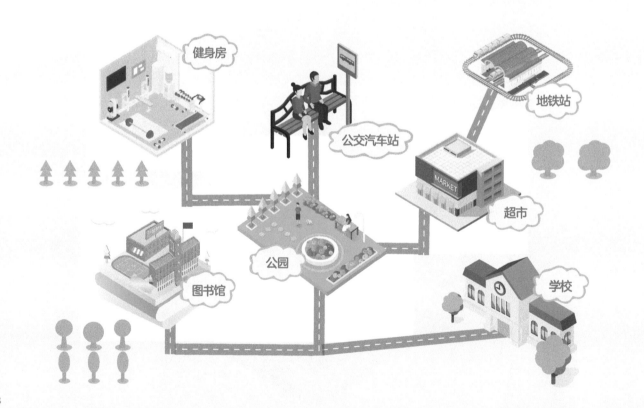

绿色出行　节能环保

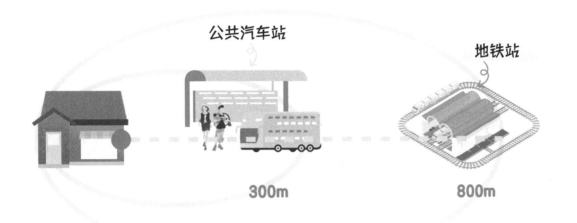

公共汽车站

地铁站

300m

800m

格瑞小课堂

　　绿色建筑所在场地的出入口附近设有公共交通站点，为公众提供便利的交通设施，鼓励绿色出行，倡导节能环保。

新能源汽车 充电更方便

格端小课堂

　　为落实国务院关于加快新能源汽车推广的战略部署，满足电动汽车发展的需求，绿色建筑配建停车场（库）应具备电动汽车充电设施或安装条件，合理设置电动汽车和无障碍汽车的位置及数量。

服务设施全　生活好便利

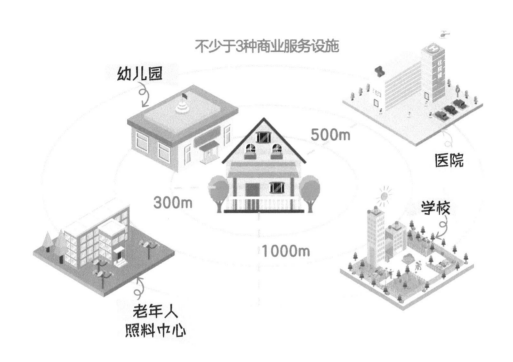

不少于3种商业服务设施

幼儿园

500m

医院

300m

1000m

学校

老年人
照料中心

格端小课堂

对于居住建筑，居民步行即可到达就近的学校、医院、商场、老年人活动中心等场所；对于公共建筑，停车场、电动汽车充电桩、图书馆等内部服务设施，合理地向社会公众开放共享。绿色建筑力求为公众提供便利的公共服务。

休闲健身　近在咫尺

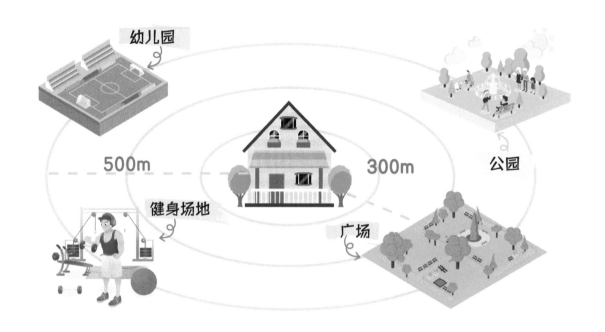

幼儿园

500m　　300m

公园

健身场地

广场

格瑞
小课堂

　　绿色建筑内部配置的健身场所，建筑外部的城市绿地、广场及公共运动场地等，均满足便捷可达的要求，使人们能够更方便地进行健身锻炼。

智慧运行　安全高效

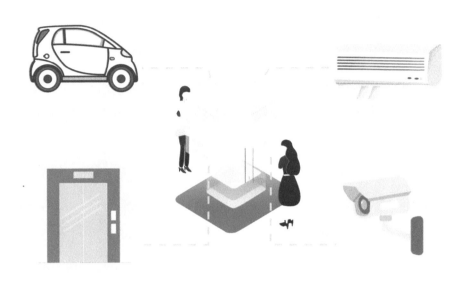

格瑞小课堂

炎热的夏季，智能家居监控系统在我们进门前就能将空调打开；冬季雾霾频发，智能环境监控系统帮助我们随时掌握室内空气质量……绿色建筑鼓励使用的种种智能化服务使我们家居和工作更安全、更便利、更舒适。

同时，绿色建筑的设备管理系统和信息网络系统确保了建筑物的高效运营管理，使一切信息"尽在掌握"之中，让我们的生活和工作更加高效便捷。

各项指标都监测 运行状况可掌控

能耗、水耗、空气质量、水质的数据都可以查询

格端小课堂

除了智能化的运行管理，绿色建筑的计量和管理系统还能实现"绿"得明明白白、实实在在。无论是耗电量、耗水量、空气质量还是水质数据，我们随时都可以掌控，做到对这些数据可知、可见、可控，进而达到降低消耗、节约能源的目的。

物业管理 科学高效

格端小课堂

　　完善的操作规程、应急预案和激励机制对物业管理起着重要的指导作用。例如，建筑内的空调机房、电梯机房等应明示管理制度、操作规程、交接班制度、突发事故的应急处理办法等内容，并制定相应的绩效考核政策，对考核优秀的运营管理团队给予一定的激励措施，提高绿色管理水平。

节约用水　定额考核

格端小课堂

　　根据水表数据、使用人数、用水面积计算建筑内平均日用水量，并与用水定额比较，判定节水程度。同时，相关管理部门掌握用水情况，为制定供水、节水规划提供可靠的依据，实现科学管理，鼓励节约用水。

注重绿色宣传　关注用户反馈

格瑞小课堂

　　绿色建筑的运营效果与使用者的行为密切相关。物业可以通过发放宣传资料、开展教育活动等方式倡导节能减排、保护环境的绿色理念。同时，开展建筑绿色性能方面的满意度调研也必不可少，进而有针对性地制订改进计划和措施。例如，对小区声环境的满意度调研可以指导物业对内部人员的活动时间进行限定；对小区空气环境的满意度调研可以指导物业确定垃圾清运的时间和方式，制定用户垃圾投放办法等。

资源节约

　　《新标准》从节地、节水、节能、节材四个方面进一步提高了对绿色建筑性能的要求，纳入建筑工业化、绿色建材等行业重点方向和工作，使绿色建筑"与时俱进"。

一方水土造一方建筑

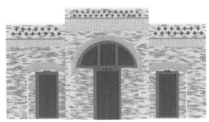

 格瑞
小课堂

绿色建筑设计要因地制宜。建筑的形体、尺度、平面布局应充分利用建筑选址地的地形、气候等条件优势，权衡利弊，优化设计。同时，还要与周边的传统文化、地方特色相协调，例如，建筑设计要综合考虑当地的地形、日照时间、主导风向等要素，有利于自然采光和通风。

科学利用地上地下空间

格端小课堂

　　绿色建筑要合理分配住宅用地面积和公共设施用地面积，科学、合理、有度地利用地上地下空间，实现节约、集约用地。

高效规划　停车容易还节地

地下停车库

机械停车设施

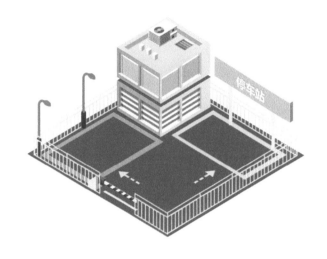

格瑞小课堂

　　"停车难"是我国各大城市普遍存在的问题。机械式停车库、地下停车库或地面停车楼等方式可以充分利用地上地下空间，实现多功能、立体式停车，通过提高空间利用率来减少停车用地。对于同样的停车场容量，多层立体停车库的占地面积要比传统的地面停车场小得多。

窗户保温隔热效果好

格瑞小课堂

如果建筑四周的墙体、门、窗等围护结构具有很好的保温和隔热性能，那么在寒冷的冬季我们就不用担心室内外发生严重的冷热传导。减少空调的使用率，不仅可以节约能源，还能保证居家的舒适度。绿色建筑在此方面有着严格的要求，尤其在我国北方地区，绿色建筑对围护结构保温性能的要求甚至高于相关国家标准。

提高空调系统能效

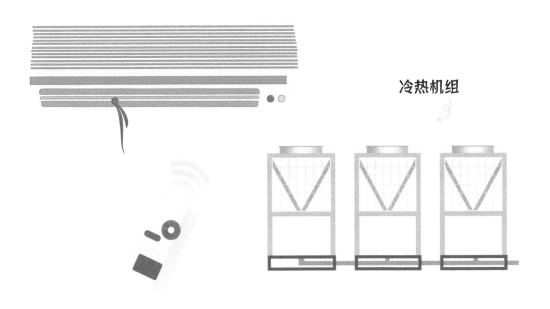

冷热机组

格瑞
小课堂

绿色建筑要使用高能效的冷热源机组。根据机组类型不同，能效指标包括COP（机组的性能指数）、EER（空调、采暖设备的能效比）、IPLV（综合性能系数）、热效率等。选择高能效的设备，可以减少用电或燃料消耗，实现节能。

温度"因地制宜"更节能

格端小课堂

　　在同一栋建筑内，不同空间的朝向、功能和使用时间不同，需要的温度也不同，因此，采用空调集中统一供暖或制冷，是不利于节能环保的。绿色建筑结合不同空间的不同需求，分区合理地设定了室内温度标准，在保证使用舒适度的前提下"因地制宜"，减少了不必要的能源消耗，达到节能减排的目的。

大楼走廊温度 28℃

办公室温度 26℃

采用节能灯具既舒适又环保

**格端
小课堂**

绿色建筑采用的节能灯具不仅造型小巧，外形美观，更重要的是功率小、光效高、显色好、寿命长，在降低能耗的同时又能保护视力。

充分利用可再生能源

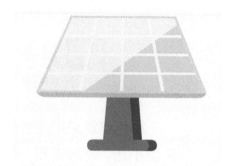

格瑞小课堂

　　绿色建筑充分利用风能、太阳能、地热能等可再生的新能源，节约资源、减少污染、保护环境，实现可持续发展。

每一分钱都交得明明白白

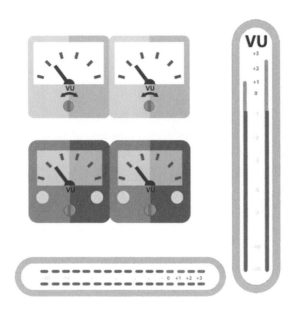

格瑞小课堂

　　绿色建筑采用的能耗独立分项计量系统，可以将我们的用电量、用水量、用气量等记录清楚，让我们的电费、水费、燃气费等每一笔开销都"有据可查"。

卫生器具是节水型的

**格端
小课堂**

　　绿色建筑对用水器具的节水性能有严格的强制要求。日常生活选用坐便器、小便器、淋浴器时，可以参照产品的"中国水效标识"，标识中包括水效等级、水效指标等信息。我们通过标识上的水滴个数和颜色就可以直观地区分产品的水效等级，1级表示水耗量最小，3级表示水耗量最大。

绿化灌溉　精打细算

格瑞
小课堂

　　绿色建筑周边的绿地灌溉系统安装有节水器，土壤湿度传感器可以根据绿地的蓄水量进行灌溉调节，在下雨天自动关闭灌溉器，以达到节约用水的目的。

来自大自然的室外景观水体

格端小课堂

除了灌溉绿地，绿色建筑配备的雨水综合利用设施还可以收集、储备雨水，用作室外景观水体，同时，水生动、植物的利用还改善了景观水体的水质。即便是来自大自然的水，也要节约利用！

充分利用非传统水源

格瑞小课堂

非传统水源是指不同于传统地表供水和地下供水的水源，包括再生水、雨水、海水等。尽管这类水不可以饮用，但可以用于洗车、灌溉室外景观、清洁环境。对非传统水源的高效利用可以在很大程度上节约我们的淡水资源。

建筑造型不浮夸

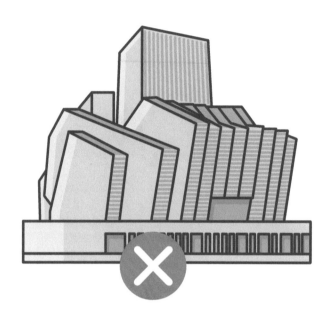

格瑞小课堂

地震灾害表明，简单、对称的建筑结构在地震时不容易被破坏。绿色建筑不提倡"标新立异"的建筑造型和浮夸靓丽却没有实际用途的装饰挂件。外形夸张独特的建筑虽然博人眼球，但是从安全性、经济性和资源节约的角度来看，都是不可取的。

装修一次到位　避免建材浪费

格瑞小课堂

　　全装修住宅是指建筑开发公司与家庭装修公司联手，使商品住宅装修一次到位，在向业主交钥匙前，所有功能空间的固定面全部铺装或粉刷完成，厨房和卫生间的基本设备全部安装完毕。告别毛坯房，拎包入住，不仅为用户提供了方便，也避免了建材浪费。

盖房就像搭积木

　　传统建筑的生产方式是将设计与建造两个环节分开，这就容易造成建筑构件生产完成后与实际安装情况不匹配的问题，导致建材浪费。而绿色建筑采用设计与施工一体化的工业化建造方式，通过现代化的制造、运输、安装和科学的管理，减少繁重、复杂的手工作业，使建筑设计标准化、构配件生产工厂化、施工机械化和管理科学化，让盖房子的过程就像搭积木一样，不仅提高了建造效率，避免了建材浪费问题，而且大大减少了人工劳动，降低了施工安全隐患。

绿色建材唱主角

像我这样健康的、
环保的、安全的，
才是绿色的

📺 格瑞小课堂

　　绿色建筑鼓励绿色建材的使用。绿色建材具有节能、减排、安全、健康、便利和可循环的特点，在全寿命周期内可减少对资源的消耗，减轻对生态环境的影响。

　　只有经过科学评价，获得权威机构的认可，取得"绿色建材"标识的材料，才能成为绿色建材。

废弃材料再利用

格瑞
小课堂

绿色建筑鼓励选用可再循环材料和可再利用建材，做到修旧利废，充分利用资源，减少浪费。

环境宜居

　　绿色建筑的室外环境，包括日照、声环境、光环境、热环境、风环境以及生态、绿化、雨水径流、标识系统和卫生、污染源控制等，不仅直接影响人们在室外的活动体验与健康，还会影响建筑室内环境品质。营造一个宜居的环境，可以提高建筑的"内在品质"，让使用者感受到绿色建筑带来的"安居乐业"。

合理布局　增绿提质

格瑞小课堂

　　科学合理的建筑布局对营造宜居环境至关重要。建筑物之间不能相互遮挡，要确保建筑内部采光充足，充分考虑通风、遮阳、绿化等问题，降低社区内的"热岛"效应，提高居民生活环境和活动环境的舒适度。

　　绿化方式的选择应充分考虑建筑选址地的气候条件和地理条件，除地面绿化外，结合屋顶绿化、垂直绿化等方式，并搭配乔木、灌木和草坪，提高绿地的空间利用率，增加绿化量，使有限的空间发挥更大的生态效益和景观效益。

优化建筑布局 拒绝"大风口"

格瑞
小课堂

良好的场地风环境设计不仅能为室外行走与活动创造舒适的条件，还能有利于建筑的自然通风。

呵护原有生态环境

 格瑞小课堂

绿色建筑在开发建设过程中尽量减少对选址地及周边环境生态系统的改变。当不得不对原有地形地貌进行改造时，在建筑工程结束后应及时采取相应措施对原生态环境进行保护性恢复。

格瑞小课堂

　　在绿色建筑社区内，合理、充分设置了便于识别和使用的标识系统，包括导向标识和定位标识等，能够为建筑使用者带来便捷的使用体验。例如，对于大型的公共建筑（群）、居住区等，在主出入口均设置平面布置示意图，图中标注道路走向、建筑编号、各个主出入口位置以及配套设施等信息。

环境宜居

场地污染物排放不超标

格瑞小课堂

　　为营造绿色宜居的生活环境，绿色建筑所在场地内不能存在气态、液态或固态超标排放的污染区域，例如，易产生噪声的KTV等娱乐场所、油烟浓重的餐馆或小吃街、煤气或工业废气超标排放的燃煤锅炉房等。

垃圾分类 变废为宝

格瑞小课堂

　　日常生活中，各种各样的垃圾无处不在。绿色建筑鼓励对垃圾进行分类处理、科学管理。通过分类投放、分类收集，把"有用"的废弃物，如纸张、塑料、金属以及废旧家电等分离出来单独投放，重新回收、利用，即可变废为宝，从而有效节约原生资源，改善环境质量。

房子建在"海绵"上

格瑞小课堂

　　"海绵城市"能够像海绵一样，在适应环境变化和应对自然灾害等方面具有良好的"弹性"。下雨时将雨水吸收、储备起来，并对雨水进行渗透和净化，在需要时将蓄存的水"释放"出来并加以利用，这样促进雨水资源的利用，保护生态环境。

闹中取静建家园

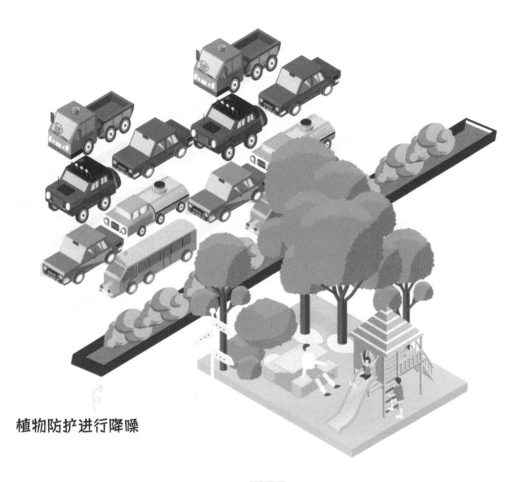

植物防护进行降噪

格端小课堂

  城市生活喧嚣不断，各种各样的噪声经常环绕耳畔，令人不胜其烦。绿色建筑在选址之初即尽量规避了喧嚣嘈杂的环境，在建设过程中，针对有可能产生的噪声干扰问题，通过设置植物防护等隔离方式进行降噪处理，最大限度地为使用者营造一个"闹中取静"的生活家园。

夜间照明无污染

格瑞小课堂

　　城市的夜晚霓虹闪烁，各式各样的夜景照明、纷繁多彩的广告灯光以及众多建筑的反光，极易造成夜间的光污染，不仅让人感到炫目，还会降低人对灯光信号的辨识力，甚至带来安全隐患。

　　绿色建筑严格控制室外夜景照明的强度和亮度，所采用的玻璃幕墙尽可能降低对可见光的反射，避免产生光污染而影响周边环境，从而为人们营造健康的夜间光环境。

降低热岛强度 打造一片清凉

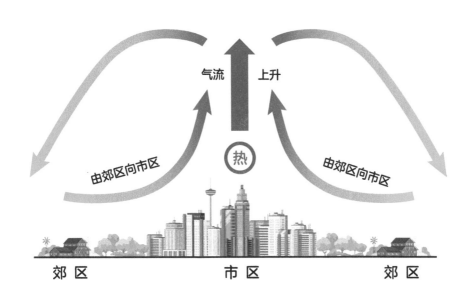

气流 上升

热

由郊区向市区　　　　　　　由郊区向市区

郊 区　　　　　　市 区　　　　　　郊 区

格瑞
小课堂

　　相比郊区的植被广泛、人口较少，城市由于建筑密集、人口众多，柏油路面和水泥路面吸热，其气温普遍高于郊区，高温的城区处于低温的郊区包围之中，如同汪洋大海中的岛屿，我们称之为"热岛效应"。

　　处在城区的绿色建筑尽可能多地采取遮阴措施，在步道两侧种植树木，增加绿化面积，降低热岛强度，为使用者打造一片清凉之地。

环境宜居

提高创新

围护结构保温好
供暖空调效率高

创新技术与措施
提高技术水平与社会效益

合理利用废弃场地
与旧建筑

房子买保险
质量提升有保障

追寻碳足迹
有的放矢降低碳排放

绿色建筑鼓励采用先进、适用、经济的技术、产品和管理方式，通过不断提高和创新建筑性能，实现可持续的"绿色"发展

保留原生植物
提倡立体绿化
加强绿化养护

传承地域文化
体现建筑特色

绿色施工
节约混凝土和钢材
实现环保

采用建筑信息模型技术
实现建造与管理的协同

采用工业化建造
减少人工与消耗
提高质量与效率

提高创新

格瑞爸爸

　　绿色建筑并不是本书中介绍的所有要点的机械叠加，而是根据建筑所处的地域环境，通过优化组合以上五方面性能和相关技术措施，由设计者、建设者、管理者、使用者共同的努力来实现的。

格瑞妈妈

　　嗯！我听说，绿色建筑是划分等级的，包括基本级、一星级、二星级、三星级。建筑绿色性能越高，星级就越高。在前文提到的所有要求中，有些要求是绿色建筑必须达到的，称作"控制项"；有些要求不是必须达到的，但达到以后可以加分，称作"评分项"或"加分项"。

格瑞

　　听完解释，我对绿色建筑已经有了一个大概的认识。我觉得绿色建筑就是对环境友好的建筑，是让我们住着安全、健康和舒适的建筑。我要和小伙伴们一起看看《绿色建筑评价标准》GB/T 50378—2019。